Impressum:

Copyright © 2006 GRIN Verlag, Open Publishing GmbH
Druck und Bindung: Books on Demand GmbH, Norderstedt Germany
ISBN: 9783640638192

Dieses Buch bei GRIN:

http://www.grin.com/de/e-book/151891/rna-interferenzen-ablauf-mechanismen-
und-resultate

Anne Pytlik

RNA-Interferenzen: Ablauf, Mechanismen und Resultate

RNAi-Methoden und ihre Grenzen

GRIN Verlag

RNA-INTERFERENZEN

HAUSARBEIT

im Fach

SPEZIELLE BIOCHEMIE

im WS 2005/2006

Abteilung Biochemie des Instituts für Tierwissenschaften

Universität Bonn

Vorgelegt am: 10.03.06

Von: Anne Pytlik

INHALTSVERZEICHNIS

ABBILDUNGSVERZEICHNIS

1. Einleitung

RNA-Interferenz ist, in den 80er Jahren völlig unerwartet entdeckt, ein recht junges Gebiet der Wissenschaft, dem aber zunehmend große Bedeutung beigemessen wird. Sie wurde in den letzten Jahren nicht nur in Pflanzen, sondern auch in vielen Tieren und sogar menschlichen Zellen beobachtet. RNAi spielt eine entscheidende Rolle in der Regulation der Genexpression und dient darüber hinaus vor allem dem Schutz der Zelle vor viralen Angriffen und schädigenden Gen-Modifikationen. (www.hhmi.org/biointeractive/rna/rnai/index.html)

RNAi ermöglicht es gezielt bestimmte Gene auszuschalten. Die Entdeckung dieses Mechanismus eröffnet ein weites Feld für die Gen-Entschlüsselung und vor allem die Behandlung einer großen Zahl von Krankheiten. Insbesondere stehen im Focus der Forschung virale und entzündliche Krankheiten sowie Krebs. Das RNAi zugesprochene Potenzial weckt großes Interesse sowohl in akademischen als auch industriellen Kreisen. Es bestehen bereits große Firmen und Datenbanken, die das Leistungsvermögen der RNAi archivieren und erforschen. Daher wird wohl auch in der nächsten Zeit mit weiteren spannende Ergebnissen in diesen Bereichen zu rechnen sein.

In dieser Arbeit soll ein Einblick gegeben werden in den aktuellen Stand der RNAi-Forschung und die Möglichkeiten, die sich dadurch eröffnen, speziell in Hinblick auf Therapieformen des Menschen.

Um Forschung und Resultate in ihrem Kontext besser einordnen zu können wird im zweiten Kapitel ein kurzer Einblick in die Historie und Entdeckung der RNAi gegeben.

Im Weiteren werden in Kapitel 3 Ablauf und Mechanismen der RNAi erklärt und die unterschiedlichen, beteiligten RNA-Arten, wie siRNA und miRNA aufgeschlüsselt.

In Kapitel 4 wird auf die Methodik und Handhabung der RNAi in der Praxis eingegangen. Problematiken und Lösungsansätze werden kurz angesprochen und führen weiter in die erfolgreiche Anwendung.

Die Therapie ist Thema des fünften Kapitels. Hier werden exemplarisch einige Therapieerfolge in wichtigen Bereichen, wie Virusbekämpfung, vorgestellt um eine Bild von den aktuellen und evt. zukünftigen Möglichkeiten zu geben.

Die Diskussion im sechsten Kapitel setzt sich kritisch mit der Beurteilung der RNAi auseinander und betrachtet ihr Potenzial.

Abschließend gibt Kapitel 7 eine kurze Bestandsaufnahme des Bisherigen und beschließt diese Arbeit.

2. Entdeckung und Historie

1986 versuchte eine Forschergruppe um den Biologen Richard Jorgensen Petunien mit besonders kräftig dunkel-violetten Petalen zu züchten (NAPOLI et al. 1990). Hierzu fügten sie Gene für ein pigment-steigerndes Enzym (Chimeric Chalcone Synthase Gene) in das Pflanzengenom ein. Für die Forscher sehr überraschend wuchs den behandelten Pflanzen statt der dunkel-violetten eine Blüte, die ganz oder bereichsweise gar kein Pigment besaß. Um diesem scheinbaren Widerspruch auf den Grund zu gehen, maßen die Forscher die Menge an enzymkodierender mRNA in der Zelle und fanden sie stark erniedrigt im Vergleich mit der schwach-violetten Ausgangspflanze. Sowohl die endo- als auch die transgenen mRNAs wurden also vermindert, wie in Versuchen mit isolierten Zellkernen unterstützend gezeigt werden konnte (VAN BLOKLAND et al. 1994).

Die darauf folgende schrittweise Entschlüsselung der RNA-Interferenz führte zu unterschiedlicher Benennung desselben Mechanismus. In Pflanzen etablierte sich neben der von NAPOLI verwendeten Bezeichnung „Co-Suppression" auch das „posttranskriptionale Gene Silencing" (PTGS) (INGELBRECHT et al. 1994). Während diese Vorgänge in Pilzen, z.B. beobachtet in *Neurospora crassa* (COGONI et al. 1996), „quelling" genannt wurden. Der Begriff der RNAi, der im Tierreich aber auch für den Menschen gebraucht wird, wurde vor allem durch FIRE und Mitarbeiter geprägt (FIRE et al. 1998). Diese Forschergruppe zeigte als eine der ersten in *Caenorhabditis elegans*, dass dsRNA als Auslöser für Gensilencing fungieren kann (S. Abb. 1).

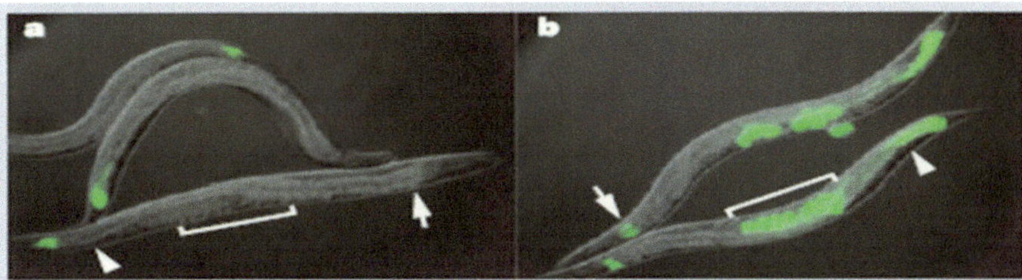

Abb. 1 : RNAi bei *C.elegans* (MELLO et al. 2004):
Bei Würmern mit RNAi (a) wird die Expression des green fluorescent protein (GFP) gegenüber denen ohne (b)weitgehend gehemmt

Eine weitere wichtige Einsicht in den Mechanismus der RNAi gelang 1999 HAMILTON und BAULCOMBE, die das Produkt des RNA-Abbaus als 25nt langes dsRNA-Stück identifizierten (HAMILTON und BAULCOMBE 1999). Unabhängig davon zeigten ELBASHIR et al., dass 21-23 nt lange synthetische RNA den Abbau homologer mRNA auch in Säugern auslösen kann. (ELBASHIR et al. 2001).

In vielen folgenden Versuchen, z.B. mit *Drosophila* (YANG et al. 2000; HAMMOND et al. 2000), wurde inzwischen die Ubiquität der Interferenz-Mechanismen in der belebten Natur gezeigt (S. Abb.2):

Kingdom	Species	Stage tested	Delivery method
Protozoans	*Trypanosoma brucei*	Procyclic forms	Transfection
	Plasmodium falciparum	Blood stage	Electroporation and soaking
	Toxoplasma gondii	Mature forms in fibroblast	Transfection
	Paramecium	Mature form	Transfection and feeding
	Leishmania donovanii		Tried but not working
Invertebrates	*Caenorhabditis elegans*	Larval stage and adult stage	Transfection, feeding bacteria carrying dsRNA, soaking
	Caenorhabditis briggsae	Adult	Injection
	Brugia malayi (filarial worm)	Adult worm	Soaking
	Schistosoma mansoni	Sporocysts	Soaking
	Hydra	Adult	Delivered by micropipette
	Planaria	Adult	Soaking
	Lymnea stagnalis (snail)	Adult	Injection
	Drosophila melanogaster	Cell lines, adult, embryo	Injection for adult and embryonic stages, soaking and transfection for cell lines
	Cyclorrphan (fly)	Early embryonic stages	Injection
	Milkweed bug	Early embryonic stages	Injection
	Beetle	Early embryonic stages	Injection
	Cockroach	Larval stage	Injection
	Spodoptera frugiperda	Adult and cell line	Injection and soaking
Vertebrates	Zebra fish	Embryo	Microinjection
	Xenopus laevis	Embryo	Injection
	Mice	Prenatal, embryonic stages, and adult	Injection
	Humans	Human cell lines	Transfection
Plants	Monocots/dicots	Plant	Particle bombardment with siRNA/transgenics
Fungi	*Neurospora crassa*	Filamentous fungi	Transfection
	Schizosaccharomyces pombe	Filamentous fungi	Transgene
	Dictyostelium discoideum		Transgene
Algae	*Chlamydomonas reinhardtii*		Transfection

Abb. 2 : Eukaryoten mit RNAi (AGRAWAL et al. 2003)

3. RNA-Interferenzen: Ablauf, Mechanismen und Resultate

RNA-Interferenz bezeichnet das sequenzspezifische Stilllegen der Genexpression, welche durch dsRNA ausgelöst wird. Aus dieser dsRNA geschnittene ssRNA-Fragmente dürfen eine bestimmte Länge von ca. 20 - 30 bp nicht überschreiten weswegen sie auch smallRNA (sRNA) genannt werden. Hauptsächlich zählen hierzu die small interfering RNA (siRNA) mit ihren Untergruppen sowie die micro RNA (miRNA). Die siRNA wird aus langer, endogener oder exogener ds-RNA geschnitten, während miRNA aus hairpin-Vorstufen gebildet wird. Außerdem wurden in den letzten Jahren weitere sRNA-Spezies gefunden, die jedoch bis dato noch nicht genügend bekannt sind um sie zu klassifizieren.

Das Hemmen der Genexpression kann auf vielfältige Weise ablaufen. Nicht nur die Wege dahin sind mit den unterschiedlichen sRNA-Formen verschieden. Je nach Umgebungsbedingungen wird die Genexpression auch auf unterschiedliche Weise verhindert. Bis lang geht man von mindestens vier verschiedenen Mechanismen aus:

1. mRNA-Schnitt (und Abbau)
2. Translations-Repression
3. Transkriptions-Repression durch DNA-Modifizierung
4. Transkriptions-Repression durch DNA-Eliminierung

Außerdem beschränken sich RNAi-Signale nicht nur auf die betreffende Zelle sondern können sowohl horizontal wie vertikal weitergegeben werden. D.h. sowohl zwischen Zellen untereinander als auch durch die Keimbahn können Silencing-Signale übertragen werden (FIRE et al. 1998).

Die RNA-Formen und Modelle von denen momentan ausgegangen wird, sollen im Folgenden vorgestellt werden.

3.1. siRNA

SiRNA entsteht aus dsRNA, die entweder als Fremd-RNA eingebracht oder direkt in der Zelle gebildet wird. Sie muss homolog zur zu hemmenden Zielsequenz sein um im Weiteren die Genexpression hemmen zu können.

An die lange dsRNA dockt die RNA-spezifische Endonuklease Dicer mit der PAZ-Untereinheit an. Das Dicer-Enzym besteht aus hauptsächlich aus vier Domänen: einer aminoterminalen Helicase-Domäne, zwei RNAse III-Motiven, einer dsRNA-bindenden Domäne, sowie einer PAZ-Domäne (AGRAWAL et al. 2003, KIM 2005). Außerdem werden

Metallionen (Mn bzw. Mg, lila in Abb. 6C) katalytische Eigenschaften zu geschrieben (BLASZCZYK et al. 2001).

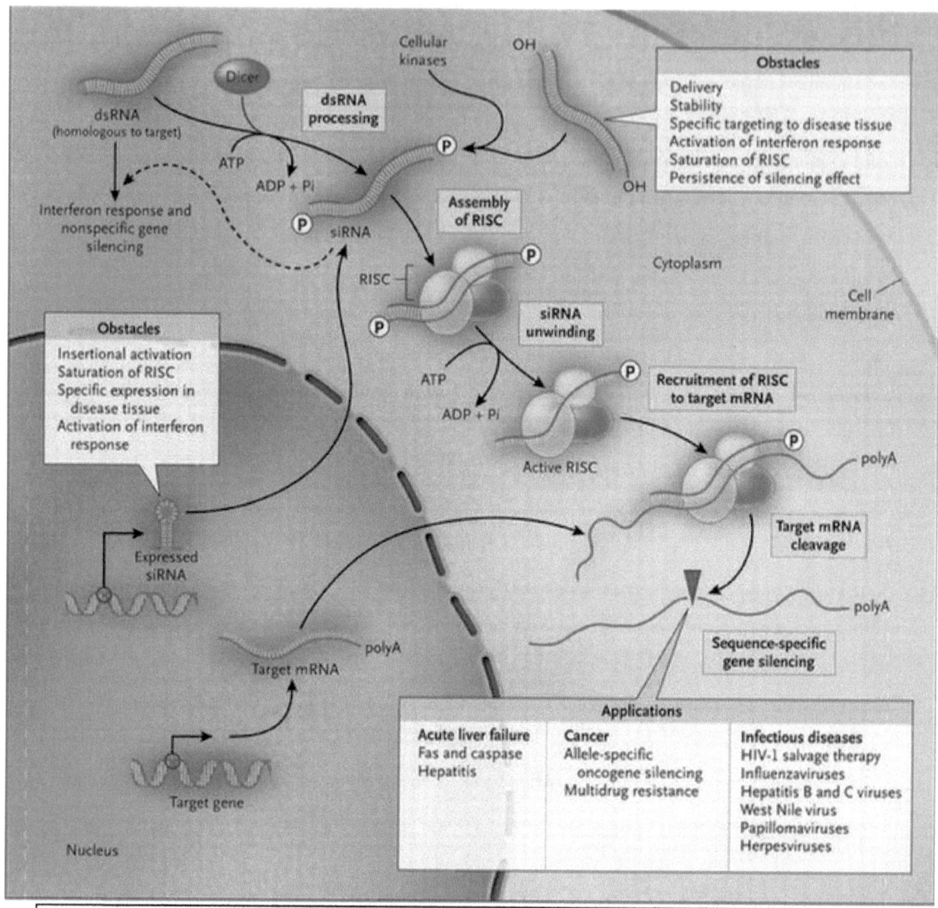

Abb. 3 : **Ablauf der RNA-Interferenz** (sitsom.tripod.com/enlarge.html)

Dicer ist wie eine Doppel-Axt geformt (S. Abb. 5): die beiden RNA-bindenden Module formen die Schneiden, während die mRNA den Griff und PAZ das Griffende bilden. (http://pubs.acs.org/cen/news/84/i03/8403notw1.html). Der Abstand zwischen PAZ und RNase III-Domäne beträgt ca. 25 bp, die Länge die auch die Dicer-Produkte haben. Demnach geht man davon aus, dass die Länge der siRNA von der Länge des „Axt-Griffes" abhängt.

Die RNase III-Domäne des Dicer spaltet unter ATP-Verbrauch die dsRNA 20 – 25 bp lange Moleküle mit je zwei Nukleotiden Überhang in 3' Richtung und 5'Phosphat bzw. 3'Hydroxyl-Ende (ELBASHIR et al. 2001). Diese kurzen aus der ursprünglichen RNA rausgeschnittenen Stücke werden als siRNA bezeichnet. Die ATP-bindende Domäne ist nicht in allen Lebewesen mit Dicer assoziiert, beispielsweise aber bei *Drosophila* (AGRAWAL et al. 2003). Dementsprechend gibt es in der Natur mehrere Dicer-Homologa (KIM 2005).

An den Nukleotid-Überhang der geschnittenen dsRNA-Stücke, an den zuvor bereits die PAZ-Untereinheit des Dicer gebunden hat, dockt mit dem 3'-Ende nun auch die PAZ-Untereinheit eines Proteins der Argonauten-Famile, hier bezeichnet als Ago. Hinzu kommen noch weitere Proteine, die zusammen mit Ago den RNA-induced silencing complex (RISC) bilden (HAMMOND et al. 2001).

Die anderen Proteine des RISC sind noch weitgehend unbekannt. In *Drosophila* konnten jedoch vasa intronic gene (VIG) und das fragile X mental retardiation protein (dFMR), das auch beim Menschen vorkommt, nachgewiesen werden (CAUDY 2002).

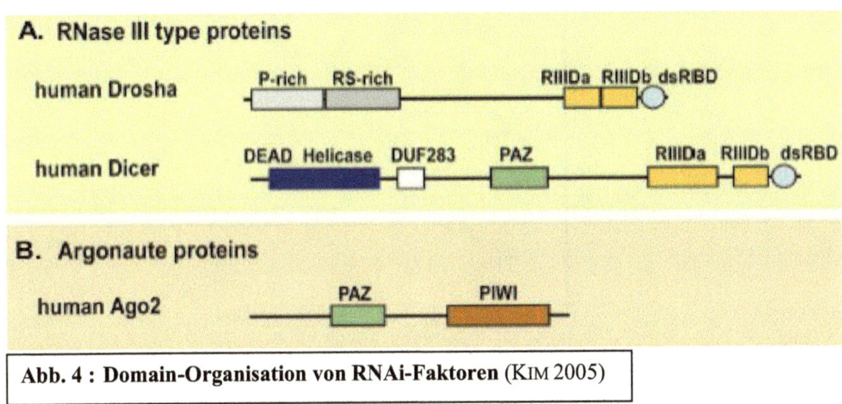

Abb. 4 : Domain-Organisation von RNAi-Faktoren (KIM 2005)

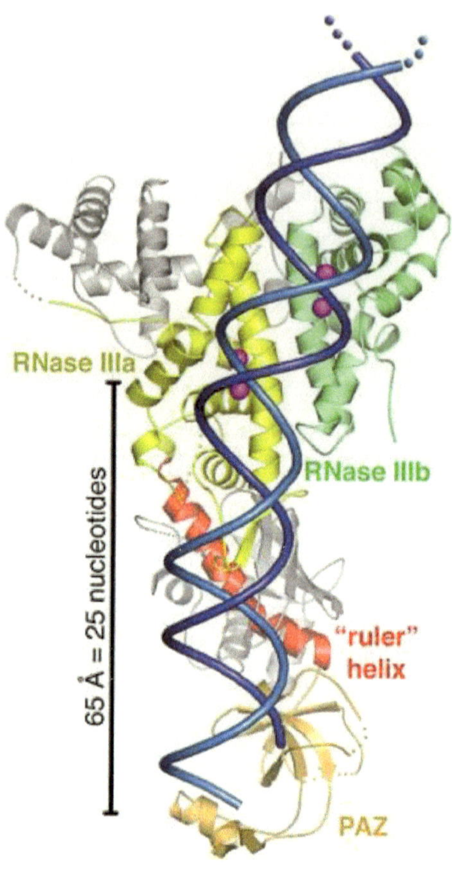

Abb. 5: Untereinheiten des Dicer

(www.sciencedaily.com/releases/2006/01/060114151229.htm)

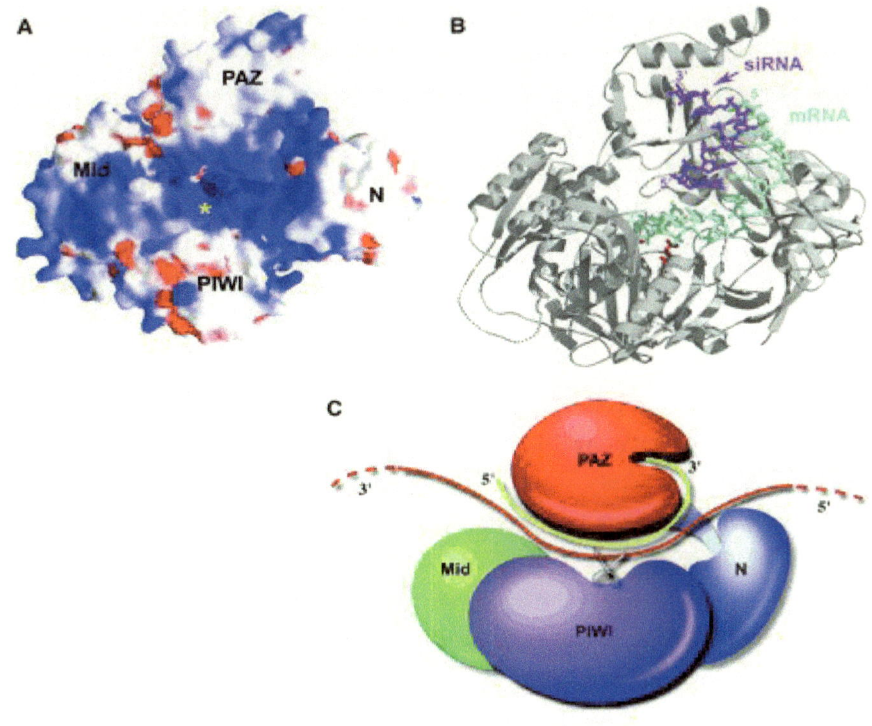

Abb. 6: Untereinheiten des Argonaute

(www.bioon.com/biology/advance/biostructure/200409/78181.html)

Die Strang-Selektion, also welcher der beiden Doppelstränge an die RISC-Proteine gebunden wird, ist abhängig von der Basenpaarung der siRNA. Der Strang mit der schwächsten Basenpaarung am 5'-Ende tritt in den Komplex ein (www.nature.com/nrg/poster/rnai/nrg_rnai_poster.pdf).

Die ds-siRNA wird durch Helicasen des Proteinkomplexes RISC in ssRNA gespalten und unter ATP-Verbrauch, also durch Phosphorylierung, wird der RISC aktiviert (ZAMORE et al. 2000). In dieser Form wird der Proteinkomplex durch die ssRNA zur Ziel-mRNA rekrutiert, wo diese mit der entsprechenden komplementären Basensequenz binden kann.

Die mRNA dringt in den RISC zwischen N-terminalem-Ende und PAZ, und verlässt ihn am anderen Ende zwischen PAZ und Mittel-Domäne. Die aktive Seite der PIWI-Domäne (in Abb. 6C als Schere dargestellt) weißt Ähnlichkeiten mit der Ribonuklease H auf und schneidet die mRNA (S. Abb. 6C). Dementsprechend wird das Argonaut-Protein als funktioneller Bestandteil der PIWI-Domäbne auch „Slicer" genannt. (www.bioon.com/biology/advance/biostructure/200409/78181.html).

Der Schnitt erfolgt in der Mitte der siRNA-bindenden Region, gegenüber der Phosphordiester-Bindung und zwischen den Nukleotiden 10 und 11 der siRNA (www.nature.com/nrg/poster/rnai/nrg_rnai_poster.pdf). Die so entstandenen Fragmente der Ziel-mRNA werden in der Zelle im Weiteren als anormal erkannt und durch natürliche endogene Mechanismen abgebaut.

Somit wurde sequenzspezifisch die Expression eines bestimmten Genombereichs geblockt.

Außergewöhnlich schien anfangs die katalytische Natur der RNAi. Denn einige wenige dsRNAs reichen aus um über einen langen Zeitraum den mRNA-Abbau aufrecht zu erhalten. Einerseits ist dies darauf zurückzuführen, dass ein RISC mehrere mRNA-Moleküle verdauen kann. Andererseits war diese Frage ein Antrieb die Rolle der RNA-dependent-RNA-Polymerase (RDRP) in der RNAi zu erschließen. (LIPARDI et al. 2001; SIJEN et al. 2001)

Neben dem oben beschriebenen Weg (S. Abb. 7A) wird in Pflanzen die durch RISC zerschnittene mRNA nicht abgebaut, sondern dient als Vorlage für RDRP. Diese synthetisiert daraus wieder einen Doppelstrang (unprimed synthesis), der nach obigem Muster von Dicer in siRNA gespalten werden kann (www.nature.com/focus/rnai/animations/index.html).

Bei den meisten anderen Spezies wie z.B. bei Säugetieren ist für diese Synthese ein Primer nötig. Diese Rolle übernehmen siRNA-Einzelstränge an die kein RISC gebunden ist. Sie können sequenzspezifisch an die mRNA binden und so den Primer für die RDRP bilden (S. Abb. 7B). Hierbei ist jedoch die 3'Hydroxyl- und 5'-Phosphat-Gruppe obligatorisch. Die

RDRP synthetisiert ab dieser Stelle weiter (www.nature.com/focus/rnai/animations/index.html).

So vervielfältigt sich siRNA, die zwar eine andere Sequenz besitzt, aber immer noch komplementär zur Ziel-mRNA ist und somit die RNAi-Wirkung verstärkt (SIJEN et al. 2001). Weiterhin gibt es Hinweise auf eine dritte Art der Amplifizierung, deren in vivo-Signifikanz jedoch noch nicht bewiesen ist. Sollte dsRNA durch Helicase entwunden werden können, könnte eine direkte Vervielfältigung von dsRNA stattfinden (S. Abb. 7C).

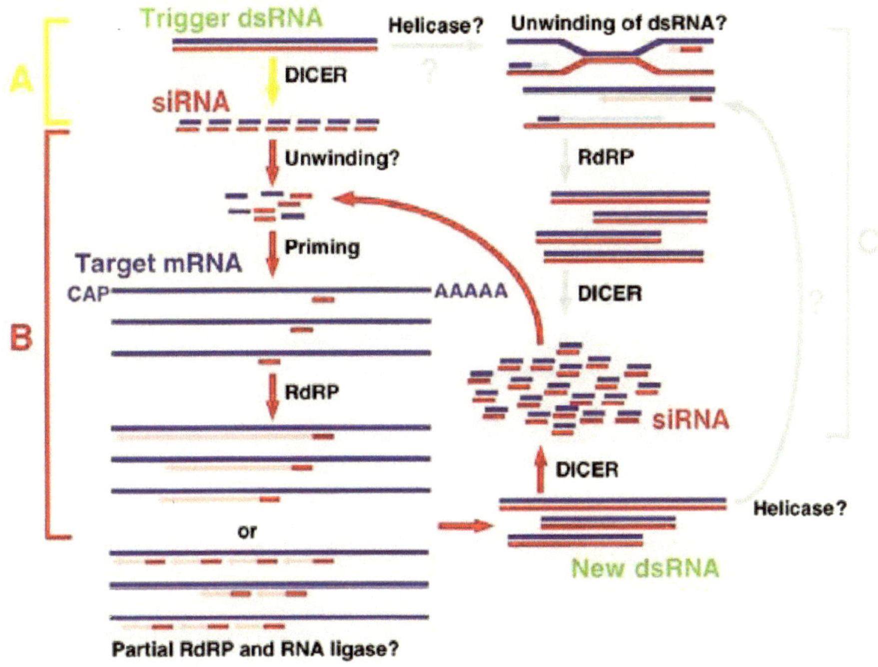

Abb. 7 : mögliche Wege der siRNA – Prozessierung
(www.scar.utoronto.ca/~riggs/BGYD23/CELL107-415.pdf)

3.2. Spezielle siRNA- und Genrepressions-Formen

Der Begriff der siRNA kann weiter spezifiziert werden in:

- trans-acting siRNA (tasiRNA)
- repeat-associated siRNA (rasiRNA)
- Small scan RNA (scnRNA)

Auch diese RNAs werden aus langer dsRNA gebildet und sind daher siRNAs. Die Unterteilung ist abhängig von den Mechanismen zur Genrepression. (KIM 2005).

Die Stilllegung bestimmter Gene erfolgt im Allgemeinen durch Schneiden und Abbau der Ziel-mRNA. Sie kann aber auch aus einer Translations-Blockade der intakten mRNA resultieren oder aus einem direkten Angriff auf die DNA, also einer Transkriptions-Blockade Im Weiteren wird nach der Einteilung in Kapitel 3. in vier Mechanismen unterteilt:

1. mRNA-Schnitt (und Abbau)
2. Translations-Repression
3. Transkriptions-Repression durch DNA-Modifizierung
4. Transkriptions-Repression durch DNA-Eliminierung

Welcher dieser Wege gewählt wird ist zunächst von der Komplementarität der Basen zwischen mRNA und sRNA abhängig. Entscheidend hierbei scheinen vor allem die ersten 10 Nukleotide (vom 5' Ende) zu sein (SCHEPERS et al. 2005).

1. Passen die beiden Stränge nahezu perfekt kommt es zum Schneiden der mRNA, wie es z.B. bei der tasiRNA der Fall ist (S. Abb. 8B). TasiRNA Gene werden in beide Richtungen synthetisiert um dsRNA-Moleküle zu generieren. Die dsRNA wird von Dicer-like-proteins geschnitten und induziert dann zusammen mit dem RISC das Zerschneiden der mRNA (KIM 2005).

2. Ist die Verbindung schlechter wird die Translation durch Methylierung der Histone bzw. der DNA gehemmt (S. Abb. 8A). Der Ablauf dieses Mechanismus ist noch unklar, da Polysome die sRNA-gebundene mRNA wie im Normalzustand prozessieren. Das Binden mehrere sRNAs gleichzeitig scheint sich aber synergetisch auszuwirken (KIM 2005).

Die Genrepression kann aber auch durch eine direkte DNA-Attackierung erfolgen. Wenn sRNA statt an RISC an den Protein-Komplex RNA-induced transcriptional silencing (RITS) bindet, wird im Folgenden die Transkription inhibiert. Dies kann auf zwei Weisen geschehen:

3. RITS assoziiert an der sRNA-homologen Stelle mit dem Chromatin der DNA und rekrutiert modifizierende Enzyme wie Histone-Methyl-Transferasen (HMTs) methylieren Lys9 am H3) und Cytosin-Methyl-Transferasen zur DNA (S. Abb. 8C). Durch die Methylierung von Histonen oder DNA, die daran assoziierten methyl-bindenden Proteine und die resultierende sehr kompakte Form, ist die Transkription gehemmt. (VOLPE et al. 2002; www.nature.com/nrg/poster/rnai/nrg_rnai_poster.pdf). Dies passiert bei der rasiRNA. Auch zur rasiRNA-Synthese wird in beide Richtungen abgelesen. In Organismen die RDRP bilden, werden die dsRNA-Stücke dann vervielfältigt und wieder durch Dicer-like-proteine geschnitten. Dann gehen sie in den RITS-Komplex ein und inhibieren so über den genannten Methylierungs-Mechanismus die Translation (S. Abb. 8C; KIM 2005).

4. Die Transkription der scnRNA erfolgt ebenfalls beidseitig. Nach dem Dicer-Schnitt und der RITS-Chromatin-Assoziation werden die Histone der DNA methyliert. Durch Methylierung der Histone können in diesem Fall auch Proteine zu den entsprechenden Zielgen-DNA-Sequenzen rekrutiert werden. Diese Proteine sind in der Lage die DNA zu eliminieren (S. Abb. 8D). Dieser „radikale" Mechanismus wurde bis jetzt jedoch nur bei Protozoa beobachtet (KIM 2002).

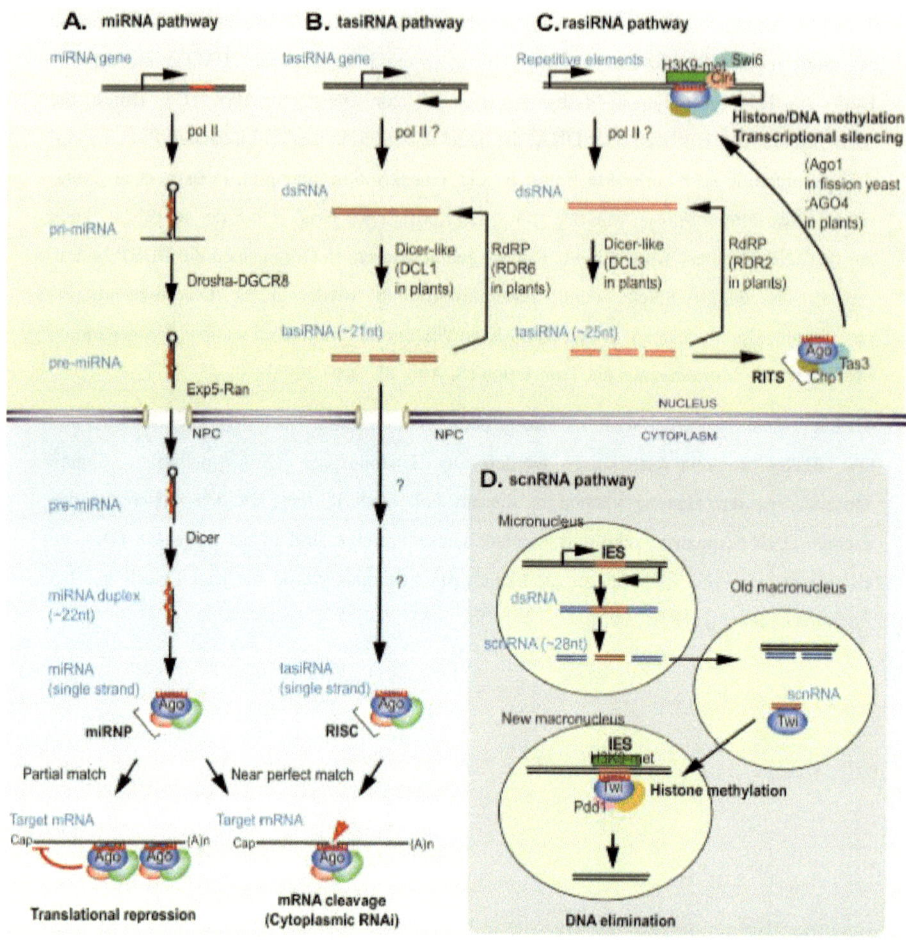

Abb. 8:   **Wege der Genrepression** (KIM 2005)

3.3.   miRNA (und shRNA)

Die miRNA ist in ihrer aktiven Form biochemisch und funktionell häufig von der siRNA nicht zu unterscheiden. Der entscheidende Unterschied besteht in ihrer Herkunft. (KIM 2005) Mi-RNAs werden aus Haarnadel-Vorstufen gebildet, während siRNA aus dsRNA entsteht. MiRNA-Gene werden aus haarnadelförmigen Genomsequenzen von der RNApolymerase II zu langen pri-m-RNA-Molekülen transkribiert. Das Enzym Drosha, ebenso wie Dicer eine RNAse Typ III, schneiden aus diesen langen Molekülen dann die haarnadelförmigen pre-miRNA-Stücke. Hierzu ist auch das Protein Pasha mit zwei RNA-bindenden Domänen als Cofaktor notwendig. Dann wird die pre-miRNA durch den Rezeptor Exportin vom Zellkern ins Cytoplasma geschleust (www.nature.com/nrg/poster/rnai/nrg_rnai_poster.pdf).

Ab diesem Punkt entspricht der Ablauf dem der siRNA (S. Abb. 8A): die pre-miRNA wird von Dicer zur miRNA geschnitten und mit RISC zur ssRNA gespalten. So kann sie an der komplementären mRNA angreifen und entweder wie die siRNA die Ziel-mRNA zerschneiden, wenn sie eine hohe Komplementarität mit der mRNA besitzt. Sie ist aber auch in der Lage die weitere Transkription der mRNA nur zu blockieren (S. Abb. 8A) (KIM 2005). Diese stillgelegte mRNA wird dann zu sog. processing-bodys (p-bodys) rekrutiert wo sie entweder gespeichert oder ebenfalls abgebaut wird (www.nature.com/nrg/poster/rnai/nrg_rnai_poster.pdf). Die Genompräsenz der miRNA, also ihre evolutionäre Konservierung, zeigt ihre Bedeutung und legt eine Rolle in der allgemeinen Genregulation nahe (RUVKUN 2001).

Kurz erwähnt sei hier auch das exogene Pendant zur miRNA ist die short hairpin RNA (shRNA). Sie wird in der Zelle prozessiert wie die miRNA, aber von außen mit Vektoren wie Viren oder Plasmiden eingebracht (S. Abb. 9 und 10) (KIM 2005).

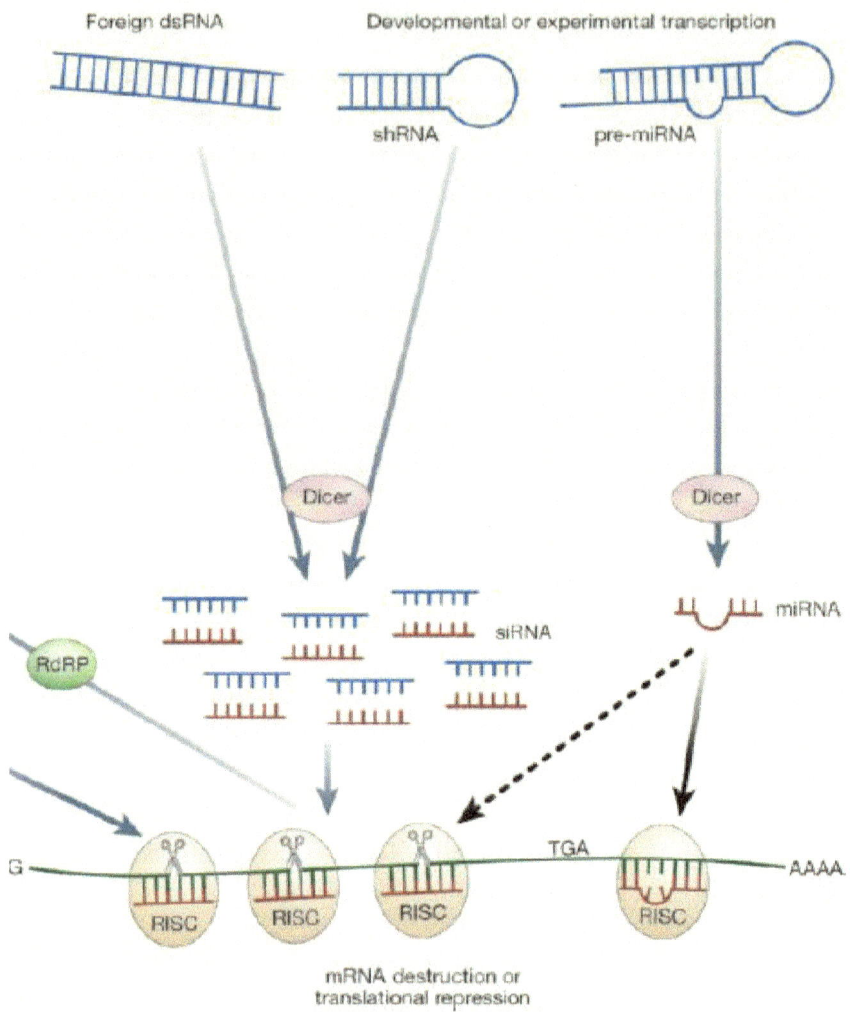

Abb. 9 : **shRNA –Prozessierung** (MELLO et al. 2004)

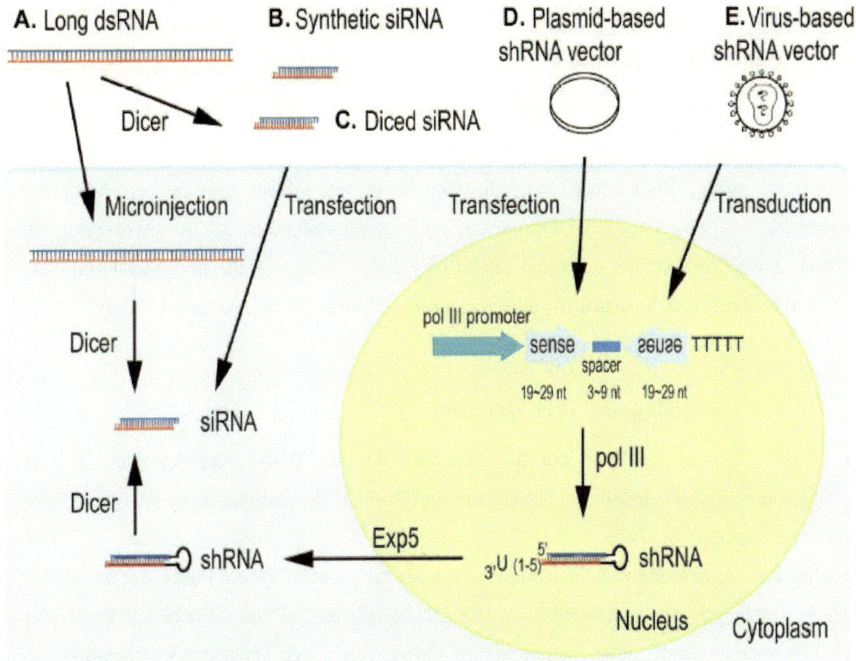

Abb. 10 : **shRNA –Prozessierung** (KIM 2005)

3.4.   Weitere sRNA-Formen

Neben siRNA und miRNA wurden noch weitere Formen der sRNA gefunden, bei denen aber erst weitere Versuche Daten zur genaueren Klassifizierung liefern können. Zu ihnen zählen tiny non coding RNA (tncRNA), die von Dicer aus einem unbekannten Vorläufer ausgeschnitten wird und deren Funktionen noch nicht weiter bekannt ist (AMBROS et al. 2003). Außerdem existiert die small modulatory RNA (smRNA), die über transkriptionale Transaktivierung auf die neuronale Differenzierung einwirkt (KUWABARA et al. 2004).

4. RNAi - Methoden und ihre Grenzen

In diesem Kapitel soll kurz auf die Methodik der zur RNAi durchgeführten Studien eingegangen werden. Hierbei entscheidend sind Aufbau der dsRNA bzw. sRNA und der effektive Import in die Zelle.

Wie bereits angesprochen ist die Komplementarität zur Ziel-mRNA ein Punkt, der die RNAi-Mechanismen entscheidend beeinflusst. Die Zielsequenz der mRNA sollte also bekannt sein um die entsprechende sRNA generieren zu können. Demnach spielt die Kombination der Nukeotide eine wichtige Rolle aber z.B. auch ihre Länge. Um diesen Vorgang der RNAi systematisch zu optimieren stellte TUSCHL in seinen Arbeiten Regeln auf, die inzwischen von anderen Forschungs-Teams weiter optimiert wurden. Sie im Einzelnen zu erörtern würde den Rahmen dieser Arbeit sprengen, in Auszügen sind sie jedoch im Anhang zu finden.

Die Transfektion, also das Einbringen von Fremd-Nukleinsäuren in Zellen, ist ein weiterer wichtiger Aspekt der Methodik. Dies wir mit Hilfe unterschiedlicher Verfahren erreicht. Ihre Anwendung und Effektivität ist abhängig von den Zielzellen bzw. dem Zielorganismus. Zu den verbreiteten Verfahren (S. Abb. 2) zählen z.B. (http://ecampus.uni-bonn.de/webapps/portal/frameset.jsp?tab=courses&url=/bin/common/course.pl?course_id=_4 62_1):

Mikroinjektion:

Bei der Mikroinjektion werden die NS mit speziellen Injektionsapparaturen direkt in die Zelle oder ihren Kern injiziert.

Elektroporation:

Wie der Name Elektroporation bereits vermuten lässt werden bei dieser Methode die Zellmembranen durch Elektroschocks permeabel gemacht. Dieser Mechanismus basiert auf der elektrischen Stabilisierung hydrophiler Membranporen.

Partikelbombardement:

Beim Partikelbombardement werden die NS auf „Metallkügelchen", häufig Gold, übertragen und mit einer sog. „Partikel Gun" auf die Ziel-Zellen geschossen.

Je nach Zielorganismus sind auch andere Methoden möglich. Bei *Caenorhabditis elegans*, ist es beispielsweise ausreichend den Wurm mit Bakterien zu füttern, die die entsprechenden dsRNA exprimieren. Andere Organismen wie Invertebraten oder Protozoa können oft in eine Lösung mit dsRNA getaucht werden (soaking) um eine Aufnahme in die Zelle zu erreichen. Komplizierte Techniken wie das Assoziieren mit speziellen Oberflächen-Molekülen wie kationischen Lipiden oder das Einbringen z.B. mit Viren ist bei Säuger-Zellen nötig. Daher gibt es die Möglichkeit die sRNA mit einem Vektor einzubringen oder sie als Arznei zu verabreichen. Welche Technik sinnvoll ist, hängt von der Art der Zielzelle ab.

Die Hauptprobleme bestehen vor allem darin die gewünschten Moleküle zielgenau in das entsprechende Organ oder Gewebe einzubringen und Methoden zu finden, die später auch beim Menschen anwendbar sind. So wurden beispielsweise bei Mäusen das Einbringen der sRNA mit hohem systemischem, venösen Druck teilweise ersetzt durch „low-volume renal vein injection", die ebenso effektiv ist. Außerdem werden speziell komplexierte DNA-Vektoren intravenös injiiziert (GE et al. 2004), oder intratracheal eingebracht (TOMPKINS et al. 2004). Trotz der Sequenzspezifität der sRNA kann es jedoch zu sog. „off-target-effects" kommen. D.h. zu einer Art Toxizität, dadurch, dass auch Gene mit teilweise Homoligität, beeinflusst werden könnten (JACKSON et al 2004).

Außerdem bereitet die Stabilität der RNAi-Wirkung je nach Zelltyp große Probleme. Allgemein nehmen Säuger-Zellen wenig sRNA auf. Zusätzlich hat diese nur eine kurze Halbwerts-Zeit im Blut und wird schnell von der Niere herausgefiltert. Auch ist die Dauer ihrer Wirkung ist davon abhängig, wie differenziert bzw. langsam teilend die Zielzellen sind. Die Genrepression über einen längeren Zeitraum ist so also recht problematisch, jedoch z.B. bei akuten viralen Infektionen auch unerwünscht.

Bei Vertebraten besteht außerdem das Problem, dass ein Interferon-System in vielfältiger Weise auf Fremdstoffe wie dsRNA oder Viren reagiert und so unvorhersehbare Reaktionen im Organismus auslösen kann. Hierunter fallen vor allem unspezifischer RNA-Abbau und Mechanismen, die zur Blockade der Proteinsynthese und somit zum Zelltod führen (DOWNWARD 2004).

5. Ansatzpunkte zur Therapie mit RNAi

Das Verständnis der Mechanismen und Methoden der RNAi bilden die Grundlage für die funktionelle Anwendung der RNAi in der Therapie eines breiten Spektrums von Krankheiten. Neben vielen in vitro Versuchen, bahnt sich langsam der Weg zu Studien in vivo und sogar am Menschen mit konkreten Therapieansätzen. Bevorzugt werden hierbei sh- bzw. miRNA und siRNA.

Eine der ersten Demonstration therapeutischer Effekte in vivo war das Hemmen von Hepatitis in Mäusen (SONG et al. 2003). Inzwischen gibt es viele erfolgreiche Studien, die gezielt bedeutsame Krankheiten wie HIV, Influenza, und Krebs bis hin zu Zivilisiationskrankheiten wie Hypercholesterinämie in ihrem pathogenen Verlauf hemmen konnten (S. Abb. 11).

Ein Ansatz, der bereits beim Menschen erfolgreich war, ist die Hemmung der Macula-Degeneration (www.pbs.org/wgbh/nova/sciencenow/3210/02.html)

Besonders im Focus stehen allgemein Virus-Erkrankungen, Krebs, sowie Autoimmun-Erkrankungen.

Table. In Vivo Demonstrations of RNAi Therapeutic Efficacy in Rodents

Tissue	Disease	Target Gene	RNAi Formulation	Delivery Route
Liver	Autoimmune hepatitis	*Fas*	siRNA	Hydrodynamic (intravenous)
	Hepatitis B	*HBsAg*	siRNA	Hydrodynamic (intravenous)
	Hepatitis B	Viral genes	shRNA from plasmid DNA	Hydrodynamic (intravenous)
	Hypercholesterolemia	*apoB*	Modified siRNA coupled to cholesterol	Intravenous
CNS	Spinocerebellar ataxia-1	*Ataxin-1*	Adeno-associated viral vector	Intracerebellar
	Neuropathic pain	Cation channel	siRNA	Intrathecal
Eye	Neovascularization	*VEGF*	siRNA	Intraocular
Kidney	Acute tubular necrosis	*Fas*	siRNA	Renal vein or hydrodynamic
Lung	Influenza	Viral genes	siRNA complexed to polyethyleneimine	Intravenous
			shRNA expressed from plasmid DNA	Intranasal
			siRNA + siRNA-lipid complex	Hydrodynamic (intravenous) + intranasal
	Respiratory syncytial virus	Viral genes	siRNA with and without lipid	Intranasal
Tumors	Germ-cell tumor	*FGF-4*	siRNA complexed to atelocollagen	Intratumoral
	Small-cell lung carcinoma	*Skp-2*	Adenoviral vector	Intratumoral
	Pancreatic adenocarcinoma	*CEACAM6*	siRNA	Hydrodynamic (intravenous)
	Glioblastoma	*MMP-9 + cathepsin B*	shRNA from plasmid DNA	Intratumoral

Abb. 11: In vivo Demonstration von RNAi-Therapieerfolgen bei Nagern (SHANKAR et al. 2005)

Viruserkankungen; wie HIV; bieten mehrere Ansatzpunkte für die RNAi-Therapie. Es können sowohl die virale mRNA als auch die genomische RNA der Viren angegriffen werden. So ist es möglich, sowohl im Prä- als auch im Post-Integrations-Stadium einzugreifen (JACQUE et al.

2002, Novina et al. 2002). Außerdem können die Wirtsfaktoren modifiziert werden und so dem Virus der Lebensraum entzogen werden (Martinez et al. 2002).

Es gibt jedoch auch Viren, die gegen RNAi resistent sind. Sie können entweder ihr eigenes Genom mit Hilfe von Proteinen abschirmen (Bitko et al. 2001) oder sie produzieren Proteine, die die Genrepression aktiv verhindern (Li et al. 2004). Bei Viren, die wie HIV, genetisch sehr facettenreich sind, wird außerdem versucht mit einem sRNA-Cocktail möglichst viele Sequenzen gleichzeitig anzugreifen (Shankar et al. 2005)

Im Bezug auf Krebs war es möglich, sowohl bestimmte Schlüssel-Oncogene zu entfernen, als auch tumor-promoting Gene inklusive ihrer Wachstums- und angiogenetischen Faktoren auszuschalten (Friedrich et al. 2004). Auf Grund der hohen Spezifität von sRNAs ist es sogar möglich *ras*-Oncogene, die sich nur durch ein bp vom Wild-Typ-Gegenstück unterscheiden, in vitro zu inhibieren (Brummelkamp et al 2002). Auch bei Mäusen konnten Tumore erfolgreich bekämpft werden (Sumimoto 2005). Ein Hindernis in diesem Bereich stellt jedoch noch die Blut-Hirn-Schranke dar, so dass das Nervensystem nur schwer erreicht werden kann. Lösungsansätze bestehen beispielsweise darin sRNA mit verschiedenen Liposomen und Kohlenhydraten zu konjugieren und dann an Transferrin-Antikörper oder Insulin-Rezeptoren zu binden um ihnen das überwinden der Blut-Hirn-Schranke zu ermöglichen (Zhang et al. 2004). Dies spielt natürlich nicht nur bei Krebs, sondern auch bei Neurologischen Krankheiten wie z.B. Alzheimer eine Rolle.

6. Diskussion

Aus nahezu jeder für diese Arbeit behandelten Quelle sprach in den Schlussworten die Euphorie, mit der RNAi eine Entdeckung von solcher Brisanz gemacht zu haben wie sie ihres gleichen sucht. Nach einer Studie von Lewis sollen sogar über ein Drittel der menschlichen Gene ganz natürlich von sRNA moduliert werden (Lewis et al. 2005). In der Tat stellt die RNAi ein Instrument dar, dass auf Grund seiner Position in den fundamentalen Abläufen nahezu einer jeden lebenden Zelle, unvergleichliches Potenzial für die Modifikation schier jedes vitalen Vorgangs bereithalten könnte. Dies ist vor allem auf die hohe Spezifität der RNAi und ihre vielen Kombinationsmöglichkeiten zurückzuführen (Kim 2005).

Damit ist das Interesse an RNAi riesig. Im Internet sind bereits umfangreiche Datenbanken für das sRNA-Design entstanden und Firmen werben mit einem Aufwand und Optimismus für ihre Methoden, wie er bei kaum einem anderen Bereich der Wissenschaft zu finden ist. Dies ist unter anderem damit zu erklären, dass RNAi in viele Gebiete der Wissenschaft hineinspielt. RNAi bietet phantastische Möglichkeiten für die Genentschlüsselung: Man könnte Gene gezielt nach einander ausschalten und so auf ihre genaue Funktion schließen. In der Züchtung könnte man durch RNAi strikte Bedingungen schaffen die nur bestimmte Zellen überleben. (www.hhmi.org/biointeractive/rna/rnai/index.html?detectflash=false&)

Das Feld von größtem Interesse dürfte jedoch die klinische Therapie sein. Durch die Vielfältigkeit der RNAi lässt sich auf eine Anwendbarkeit für ein weites Spektrum von Krankheiten schließen, sogar für solche, die sich bis jetzt als besonders hartnäckig erwiesen haben.

Es ist jedoch auch zu bedenken, dass RNAi für die Therapie multigener Krankheiten wie HIV oder Krebs wahrscheinlich nicht ausreichen wird. Außerdem gibt es, wie meist in der Natur, auch eine noch unabsehbare Diversität der Repressions-Phänomene. Bittere Erfahrungen wie etwa die mit antisense-Gentherapie, mahnen zur Vorsicht und dazu die bekannten Hindernisse in der RNAi, ebenso wie die noch nicht voraussehbaren, nicht zu unterschätzen. (DOWNWARD 2004)

Es handelt sich bei der Entdeckung der RNAi mehr um eine „revelation" als um eine „revolution", denn RNA übernimmt nicht die Kontrolle der Zelle – sie hatte sie bereits. Wir haben es nur bis jetzt nicht erkannt. (MELLO et al. 2004)

Trotzdem bleibt die RNAi eines der spannensten Forschungsgebiete und die nächsten Jahre werden eine bedeutsame Zeit sein diesen neuen Ansatz zu testen.

7. Zusammenfassung

RNAi ist ein althergebrachter, natürlicher Mechanismus zur sequenzspezifischen Verteidigung gegen (virale) Gen-Modifikationen.

Die Stilllegung bestimmter Gene erfolgt im Allgemeinen durch Schneiden und Abbau der Ziel-mRNA. Sie kann aber auch aus einer Translations-Blockade der intakten mRNA resultieren oder aus einem direkten Angriff auf die DNA, also einer Transkriptions-Blockade. Welcher der Mechanismen gewählt wird, hängt von der Beschaffenheit der verschiedenen sRNAs ab. Hauptsächlich zählen hierzu die siRNA mit ihren Untergruppen sowie die miRNA. SiRNA oder ihre Vorstufen müssen in die Zelle geschleust werden und werden dort von der endogenen miRNA-Maschinerie übernommen. Die siRNA-Vorstufen (dsRNA) werden von dem Enzym Dicer zu ca. 20 nt langen siRNAs geschnitten. Dicer übergibt die siRNA an den Proteinkomplex RISC, der den sense-Strang der siRNA abspaltet, so aktiviert und zur Ziel-mRNA rekrutiert wird. Hier bindet die siRNA an die komplementäre Sequenz der mRNA und das Enzym Ago des RISC spaltet die mRNA, die dann im Weiteren entweder von der Zelle lysiert wird oder je nach Organismus als Vorlage für primed oder unprimed Synthese von neuer dsRNA durch RDRP dient.

Alternativ zur siRNA gibt es die miRNA, eine genompräsente sRNA-Form, die funktionell nicht von der siRNA zu unterscheiden ist. Sie wird jedoch aus Haarnadel-Vorstufen aus der DNA transkribiert und stellt so einen endogenen Genregulations-Mechanismus dar. Werden Haarnadel-RNAs von außen in die Zelle und ihr Genom gebracht, werden sie shRNA genannt. In jedem Falle entspricht ihre Prozessierung nach ihrem Export ins Cytoplasma der der siRNA.

Nach Art der RNA und Beschaffenheit der Zielzellen richtet sich auch die Wahl der Injektions-Methode der sRNA. Als Hauptprobleme hierbei gestalten sich das ortgenaue, organismusfreundliche Einbringen und die Stabilität der RNAi-Wirkung.

RNAi-Systeme konnten in vielen Fällen klinisch genutzt werden um die Genrepression als eine therapeutische Strategie für Krankheiten mit erhöhter Genfunktion zu gebrauchen. Hierzu zählen vor allem entzündliche und Virus-Erkrankungen, sowie Krebs. Neben hauptsächlich erfolgreichem Einsatz bei Nagern, gibt es bereits ebenfalls Erfolge in der Human-Therapie zu berichten.

Abkürzungsverzeichnis

bp	Basenpaare
dsRNA	doppelsträngige RNA
dFMR	fragile X mental retardiation protein
HMT	Histone Methyl Transferasen
NS	Nukleinsäuren
nt	Nukleotid
p-body	processing-body
PIWI	Piwi Argonaute Zwille (PAZ)
PTGS	posttranskriptionales Gen Silencing
rasiRNA	repeat-associated siRNA
RDRP	RNA-dependent RNA-Polymerase
RISC	RNA-induced silencing complex
RITS	RNA-induced transcriptional silencing
RNAi	RNA-Interferenz
scnRNA	small scan RNA
shRNA	short hairpin RNA
siRNA	silencing RNA
sRNA	smallRNA
smRNA	small modulatory RNA
ssRNA	single stranded RNA
tasiRNA	trans-acting siRNA
tncRNA	tiny non coding RNA
VIG	vasa intronic gene

Literaturverzeichnis

Agrawal N, Dasaradhi PV, Mohmmed A, Malhotra P, Bhatnagar RK, Mukherjee SK. RNA interference: biology, mechanism, and applications. Microbiol Mol Biol Rev. 2003 Dec;67(4):657-85. Review.

Ambros, V., Lee, R. C., Lavanway, A., Williams, P. T., and Jewell, D. (2003b) MicroRNAs and other tiny endogenous RNAs in C. elegans. Curr. Biol. 13, 807−818.

Bitko V, Barik S. Phenotypic silencing of cytoplasmic genes using sequence-specific double-stranded short interfering RNA and its application in the reverse genetics of wild type negative-strandRNAviruses. *BMC Microbiol.* 2001;1:34.

Blaszczyk J, Tropea JE, Bubunenko M, Routzahn KM, Waugh DS, Court DL, Ji X. Crystallographic and modeling studies of RNase III suggest a mechanism for double-stranded RNA cleavage. Structure. 2001 Dec;9(12):1225-36.

Brummelkamp T, Bernards R, Agami R. Stable suppression of tumorigenicity by virus-mediated RNA interference. *Cancer Cell.* 2002;2:243-247.

Caudy, A. A., M. Myers, G. J. Hannon, and S. M. Hammond. 2002. Fragile X-related protein and VIG associate with RNA interference machinery. Genes Dev. 16:2491–2496.

Cogoni, C., J. T. Irelan, M. Schumacher, T. J. Schmidhauser, E. U. Selker, and G. Macino. 1996. Transgene silencing of al-1 gene in vegetative cells of Neurospora is mediated by a cytoplasmic effector and does not depend on DNA-DNA interaction or DNA methylation. EMBO J. 15:3153–3163.

Downward J. RNA interference. BMJ. 2004 May 22;328(7450):1245-8. Review.

Elbashir, S. M., W. Lendeckel, and T. Tuschl. 2001. RNA interference is mediated by 21- and 22-nucleotide RNAs. Genes Dev. 15:188–200.

Fire, A., S. Xu, M. K. Montgomery, S. A. Kostas, S. E. Driver, and C. C. Mello. 1998. Potent and specific genetic interference by double-stranded RNA in C. elegans. Nature 391:806–811.

Friedrich I, Shir A, Klein S, Levitzki A. RNA molecules as anti-cancer agents. *Semin Cancer Biol.* 2004; 14:223-230.

Ge Q, Filip L, Bai A, Nguyen T, Eisen HN, Chen J. Inhibition of influenza virus production in virusinfected mice by RNA interference. *Proc Natl Acad Sci U S A.* 2004;101:8676-8681.

Hamilton, A. J., and D. C. Baulcombe. 1999. A species of small antisense RNA in posttranscriptional gene silencing in plants. Science 286:950–952

Hammond, S. M., E. Berstein, D. Beach, and G. J. Hannon. 2000. An RNA-directed nuclease mediates post-transcriptional gene silencing in Drosophila cells. Nature 404:293–296.

Hammond, S. M., S. Boettcher, A. A. Caudy, R. Kobayashi, and G. J. Hannon. 2001. Argonaute2, a link between genetic and biochemical analyses of RNAi. Science 293:1146–1150.

Ingelbrecht, I., H. Van Houdt, M. Van Montagu, and A. Depicker. 1994. Post-transcriptional silencing of reporter transgenes in tobacco correlates with DNA methylation. Proc. Natl. Acad. Sci. USA 91:10502–10506.

Jackson AL, Linsley PS. Noise amidst the silence: off-target effects of siRNAs? *Trends Genet*. 2004;20: 521-524.

Jacque, J. M., Triques, K. & Stevenson, M. (2002). Modulation of HIV-1 replication by RNA interference. Nature 418, 435–8.

Kim VN. Small RNAs: classification, biogenesis, and function. Mol Cells. 2005 Feb 28;19(1):1-15. Review.

Kuwabara, T., Hsieh, J., Nakashima, K., Taira, K., and Gage, F. H. (2004) A small modulatory dsRNA specifies the fate of adult neural stem cells. Cell 116, 779–793.

Lewis, B. P., Burge, C. B., and Bartel, D. P. (2005) Conserved seed pairing, often flanked by adenosines, indicates that thousands of human genes are microRNA targets. Cell 120, 15–20.

Li WX, Li H, Lu R, et al. Interferon antagonist proteins of influenza and vaccinia viruses are suppressors of RNA silencing. *Proc Natl Acad Sci U S A*. 2004; 101:1350-1355.

Lipardi, C., Q. Wei, and B. M. Paterrson. 2001. RNAi as random degradation PCR: siRNA primers convert mRNA into dsRNA that are degraded to generate new siRNAs. Cell 101:297–307.

Martinez, M. A., Gutierrez, A., Armand-Ugon, M., Blanco, J., Parera, M., Gomez, J. et al. (2002). Suppression of chemokine receptor expression by RNA interference allows for inhibition of HIV-1 replication. AIDS 16, 2385–90.

Mello C.C., Conte D.: Revealing the world of RNA interference. Nature 2004. Vol. 431, 338-342.

Mochizuki, K., N. A. Fine, T. Fujisawa, and M. A. Gorovsky. 2002. Analysis of a piwi-related gene implicates small RNAs in genome rearrangement in *Tetrahymena*. Cell **110**:689–699.

Napoli, C., C. Lemieux, and R. Jorgensen. 1990. Introduction of chimeric chalcone synthase gene into Petunia results in reversible cosuppression of homologous genes in trans. Plant Cell 2:279–289.

Novina, C. D., Murray, M. F., Dykxhoorn, D. M., Beresford, P. J., Riess, J., Lee, S. K. et al. (2002). siRNA-directed inhibition of HIV-1 infection. Nature Medicine 8, 681–6.

Ruvkun, G. 2001. Molecular biology. Glimpses of a tiny RNA world. Science 294:797–799.

Schepers U., Cryns A., Anheuser S. RNAi 2005: Rückblick und Perspektiven Biospektrum 2005 Sonderausgabe 11.Jahrgang

Shankar P, Manjunath N, Lieberman J. The prospect of silencing disease using RNA interference.JAMA. 2005 Mar 16;293(11):1367-73. Review.

Sijen, T., J. Fleenor, F. Simmer, K. L. Thijssen, S. Parrish, L. Timmons, R. H. Plasterk, and A. Fire. 2001. On the role of RNA amplification in dsRNA-triggered gene silencing. Cell 107:465–476.

Song E, Lee SK, Wang J, et al. RNA interference targeting Fas protects mice from fulminant hepatitis. *Nat Med.* 2003;9:347-351.

Sumimoto H, Yamagata S, Shimizu A, et al. Gene therapy for human small-cell lung carcinoma by inactivation of Skp-2 with virally mediated RNA interference. *Gene Ther.* 2005;12:95-100.

Tompkins SM, Lo CY, Tumpey TM, Epstein SL. Protection against lethal influenza virus challenge by RNA interference in vivo. *Proc Natl Acad Sci U S A.* 2004;101:8682-8686.

Van Blokland, R., N. vander Geest, J. N. M. Mol, and J. M. Kooter. 1994. Transgene-mediated suppression of chalcone synthase expression in Petunia hybrida results from an increase in RNA turnover. Plant J. 6:861–877.

Volpe, T. A., Kidner, C., Hall, I. M., Teng, G., Grewal, S. I., et al. (2002) Regulation of heterochromatic silencing and histone H3 lysine-9 methylation by RNAi. Science 297, 1833–1837.

Yang, D., H. Lu, and J. W. Erichson. 2000. Evidence that processed small dsRNA may mediate sequence specific mRNA degradation during RNAi in Drosophila embryos. Curr. Biol. 10:1191–1200.

Zamore, P. D., T. Tuschl, P. A. Sharp, and D. P. Bartel. 2000. RNAi: double-stranded RNA directs the ATP-dependent cleavage of mRNA at 21- to 23-nucleotide intervals. Cell 101:25–.

Zhang Y, Zhang YF, Bryant J, Charles A, Boado RJ, PardridgeWM.Intravenous RNA interference gene therapy targeting the human epidermal growth factor receptor prolongs survival in intracranial brain cancer. *Clin Cancer Res.* 2004;10:3667-3677.

INTERNETQUELLEN STAND: 13.03.06

http://ecampus.uni-bonn.de/webapps/portal/frameset.jsp?tab=courses&url=/bin/common/course.pl?course_id=_462_1 (Vorlesungsunterlagen der Veranstaltung - Bio- und Gentechnologie – BG_110 (8677-WS056), Uni Bonn)

http://pubs.acs.org/cen/news/84/i03/8403notw1.html (nach einem Interview mit DOUDNA 2006)

http://sitsom.tripod.com/enlarge.html

www.bioon.com/biology/advance/biostructure/200409/78181.html

www.hhmi.org/biointeractive/rna/rnai/index.html

http://www.nature.com/focus/rnai/index.html (MED_RES[1].MOV)

www.nature.com/nrg/poster/rnai/nrg_rnai_poster.pdf

www.pbs.org/wgbh/nova/sciencenow/3210/02.html (Film von NOVA SCIENCE)

www.protocol-online.org/prot/Detailed/3210.html:

www.scar.utoronto.ca/~riggs/BGYD23/CELL107-415.pdf

www.sciencedaily.com/releases/2006/01/060114151229.htm

Anhang

Regeln zur siRNA-Synthese (modifiziert nach TUSCHL)

http://www.protocol-online.org/prot/Detailed/3210.html:

General Guidelines

1. siRNA targeted sequence is usually 21 nt in length.
2. Avoid regions within 50-100 bp of the start codon and the termination codon
3. Avoid intron regions
4. Avoid stretches of 4 or more bases such as AAAA, CCCC
5. Avoid regions with GC content <30% or > 60%.
6. Avoid repeats and low complex sequence
7. Avoid single nucleotide polymorphism (SNP) sites
8. Perform BLAST homology search to avoid off-target effects on other genes or sequences
9. Always design negative controls by scrambling targeted siRNA sequence. The control RNA should have the same length and nucleotide composition as the siRNA but have at least 4-5 bases mismatched to the siRNA. Make sure the scrambling will not create new homology to other genes.

Tom Tuschl's rules

1. Select targeted region from a given cDNA sequence beginning 50-100 nt downstream of start condon
2. First search for 23-nt sequence motif $AA(N_{19})$. If no suitable sequence is found, then,
3. Search for 23-nt sequence motif $NA(N_{21})$ and convert the 3' end of the sense siRNA to TT
4. Or search for $NAR(N_{17})YNN$
5. Target sequence should have a GC content of around 50%

A = Adenine; T = Thymine; R = Adenine or Guanine (Purines); Y = Thymine or Cytosine (Pyrimidines); N = Any.

Rational siRNA design

By experimentally analyzing the silencing efficiency of 180 siRNAs targeting the mRNA of two genes and correlating it with various sequence features of individual siRNAs, Reynolds et al at Dharmacon, Inc identified eight characteristics associated with siRNA functionality. These characteristics are used by rational siRNA design algorithm to evaluate potential targeted sequences and assign scores to them. Sequences with higher scores will have higher chance of success in RNAi. The table below lists the 8 criteria and the methods of score assignment.

Criteria	Description	Score	
		Yes	No
1	Moderate to low (30%-52%) GC Content	1 point	

2	At least 3 A/Us at positions 15-19 (sense)	1 point /per A or U	
3	Lack of internal repeats (Tm*<20¡ãC)	1 point	
4	A at position 19 (sense)	1 point	
5	A at position 3 (sense)	1 point	
6	U at position 10 (sense)	1 point	
7	No G/C at position 19 (sense)		-1 point
8	No G at position 13 (sense)		-1 point

A sum score of 6 defines the cutoff for selecting siRNAs. All siRNAs scoring higher than 6 are acceptable candidates.

*$Tm = 79.8 + 18.5*\log_{10}([Na^+]) + (58.4 * GC\%/100) + (11.8 * (GC\%/100)^2) - (820/Length)$

For example, the Tm can be calculated as follows for the siRNA UUCUCCAGCUUCUAAAAUA

$Tm = 79.8 + 18.5*\log_{10}(0.05) + (58.4 * 31.6/100) + (11.8 * (31.6/100)^2) - (820/19)$

$Tm = 32.19$

There are two siRNA design tools which implement this siRNA design algorithm: one is offered by Dharmacon, Inc; the other is a downloadable Excel template, written by Maurice Ho at http://boz094.ust.hk/RNAi/siRNA.